Pencil Games

Presents

101 Large Print Sudokus
From Easy to Hard

Copyright © 2019 by Tue Rasmussen

All rights reserved. No part of the text in this publication may be reproduced, distributed, or transmitted in any form or by any means, including photocopying, recording, or other electronic or mechanical methods, without the prior written permission of the publisher, except in the case of brief quotations embodied in critical reviews and certain other noncommercial uses permitted by copyright law

First printing 2019

A Special Request

At Pencil Games we are working hard to make great books. When you leave a review of one of our books this helps us tremendously. If you have the time, please do us the favor and leave a review on Amazon. Thank you!

Join our Community

Go to Facebook and search for "Pencil Games" for news, updates and special offers!

How to solve sudokus

The sudoku board

The sudoku board consists of 9 squares each containing a 9x9 block. The numbers 1-9 fill up each 9x9 block though each number can only show up 1 time in each 9x9 block.

1	3		8		6			7
	5					9	6	
		8		5		1		
	7	6		4	5	9		1
3		2				1	7	6
			6		3			
	3	4	9	7	8			5
			5	1		3		
5		1	3		8		7	

The same can be said of the rows and columns of the sudoku board. Each row and column consist of 9 fields where the numbers 1-9 are only allowed to show up once.

1	3	9	8	2	6	5	4	7
4	5	7	1	3	9	6	2	8
6	2	8	7	5	4	1	9	3
8	7	6	2	4	5	9	3	1
3	4	2	9	8	1	7	5	6
9	1	5	6	7	3	4	8	2
2	6	3	4	9	7	8	1	5
7	8	4	5	1	2	3	6	9
5	9	1	3	6	8	2	7	4

1	3	9	8	2	6	5	4	7
4	5	7	1	3	9	6	2	8
6	2	8	7	5	4	1	9	3
8	7	6	2	4	5	9	3	1
3	4	2	9	8	1	7	5	6
9	1	5	6	7	3	4	8	2
2	6	3	4	9	7	8	1	5
7	8	4	5	1	2	3	6	9
5	9	1	3	6	8	2	7	4

This is what makes Sudoku complicated!

The techniques needed for solving a sudoku puzzle increase in number the more difficult the sudoku gets.

Here you will be able to learn about these techniques. Many of the later techniques are very advanced and they will give you an idea of the complexity about the game. But don't worry – this book is not made for these super advanced methods.

Let's begin with the simplest ones:

Sole Candidate

When you look at a single cell and there is only one possibility when you combine the numbers in the block, column and row this reveals the sole candidate. In this example we look inside the block, the row and column and see that only the number 5 is missing:

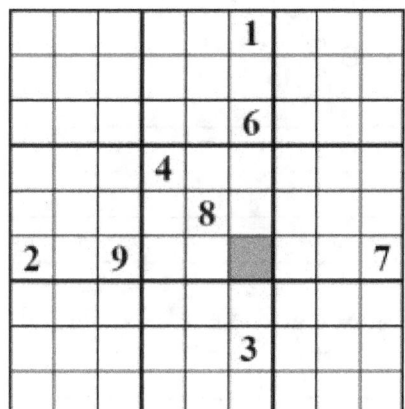

Unique Candidate

Another very basic technique is the unique candidate. Since we know that a number can only show once in each block, we can infer that the 4s in the other rows and columns eliminates the other cells for the placement of the 4. So, we place it in the grey cell. When doing this technique try to draw mental lines from each number to the 9x9 block to visualize the possibilities.

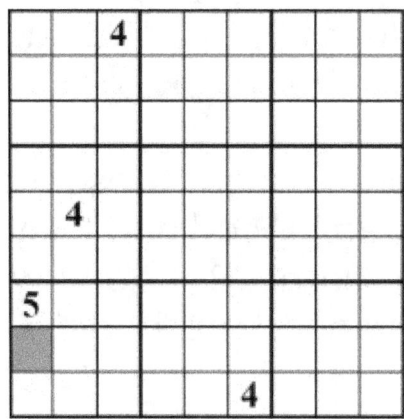

Techniques for removing candidates:

Block and column / Row Interaction

This method helps you with eliminating many candidate cells though it won't let you find a definitive answer. The two grey areas highlight two potential cells for the 7, thus eliminating all other horizontal/row options for a 7.

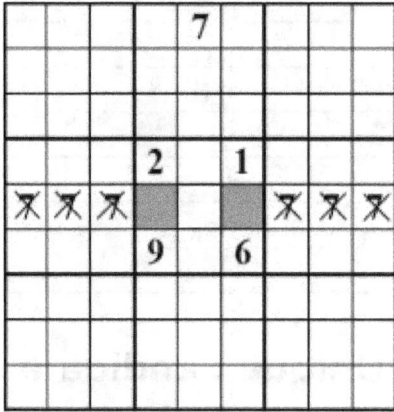

Block / Block Interaction

Looking at the picture is the best way to understand this method. Here we infer that the 8 in the middle row must be placed in the right block, thus eliminating the upper and lower cells in the middle-right block as potential candidates for the 8.

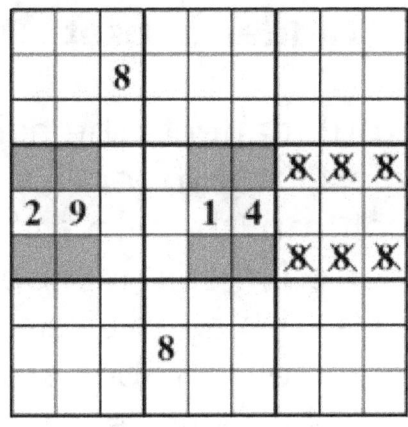

Naked Subset

When you are working with sets of candidates this technique can help. First you have map out all potential numbers in a column or row. If there are two cells that only share the same exact two numbers all the other cells can be ruled out for these two numbers. In the example, the 4 and 7 must be placed in either row 1 or row 5 (column 1).

The method also works for triples where two cells share three candidates!

Hidden subset

This is like Naked subset, but it affects the cells holding the candidates. In the example, the numbers 5, 6, 7 can only be placed in cells 5 or 6 in the first column (the two top circles), and that the number 5 can only be inserted in cell number 8. Since 6 and 7 must be placed in one of the cells with a red circle, it follows that the number 5 must be placed in cell number 8, and thus we can remove any other candidates for this cell; in this case, 2 and 3.

X-Wing

When the center cells comprise an imaginary rectangle like below you can use the x-wing method. In this example, imagine if the center cells are the only cells in column 2 and 8 in which you can put a 5.

In this case you obviously need to put a 5 in two of the center cells. Placing one 5 creates a "chain reaction" where the only other 5 must be placed on the other diagonal center cell. This also eliminates the other row cells as candidates for a five.

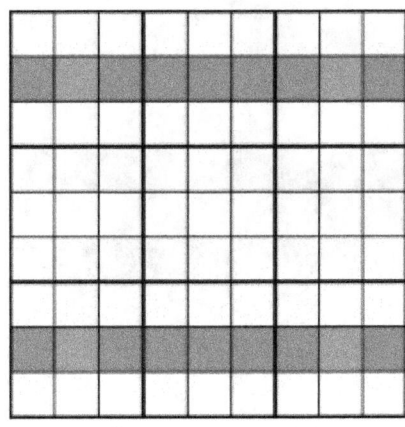

Swordfish

Now here comes a very advanced and complicated swordfish technique only for the true sudoku professional! It is a complicated version of X-Wing that does not often give results. However, some puzzle cannot be solved without it!

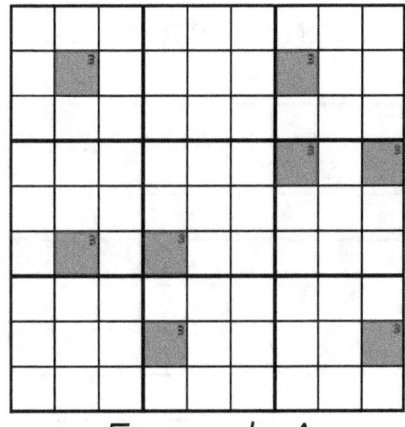

Example A

In example A, we've plotted in some candidate cells for the number 3. Now, assume that in column 2, 4, 7 and 9, the only cells that can contain the number 3 are the ones marked in grey. You know that each column must contain a 3.

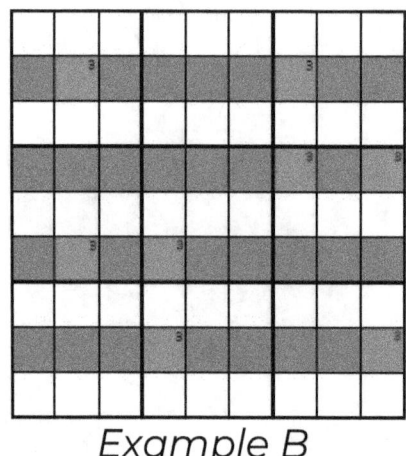
Example B

Look at example B. We can eliminate 3 as candidate in every cell marked in the other shade of grey. The reason for this is that if we consider the possible placements of the number 3 in the grey cells, we get two alternatives: either you must put 3s in the grey cells, or in the other grey shade cells, as example C shows. In any case, each of the rows 2, 4, 7 and 9, must contain a 3 in one of the grey cells, so no other cell in those rows can contain a 3.

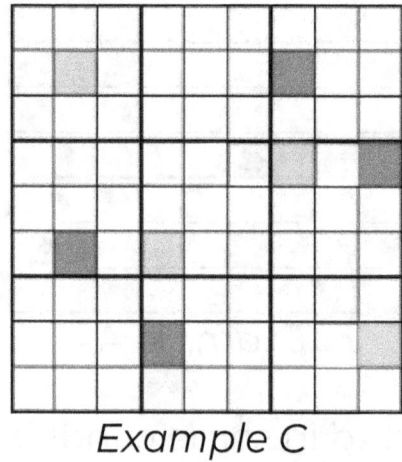
Example C

How do you recognize a swordfish pattern? You look for cells with common candidate numbers that can be chained together like in example D. If you start on, say, the top-left grey cell. Then you draw a line either vertically or horizontally until you reach another cell containing the same candidate number. Then you repeat this pattern until you return to the original cell. If you reach the original cell, you have a swordfish pattern!

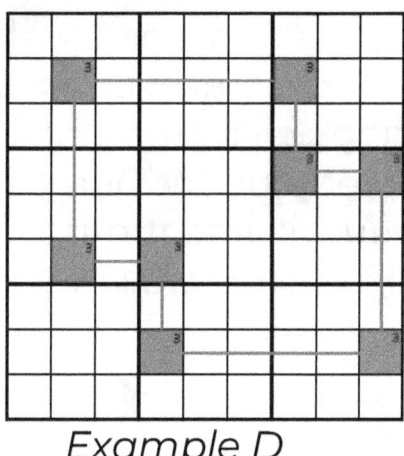

Example D

Forcing Chain

Forcing chain can help you determine exactly what number a certain cell must hold. Unfortunately, the technique is not the easiest to utilize. Look at the example below. Let us assume that the candidates in the grey cells are the sole candidates for those cells. Forcing chains work in the following way: Start on the grey cell with the arrow pointing towards it, and fill in one of the two candidates, 3 or 6, for that cell. Then follow on and fill in the rest of the grey cells.

Now take a note of the values you enter along the way. Go back to the cell you started with and try the other candidate number for that cell and fill in the other grey cells as well. Compare the numbers you got now with the first result. You may find that in both cases, a certain cell must contain a specific number.

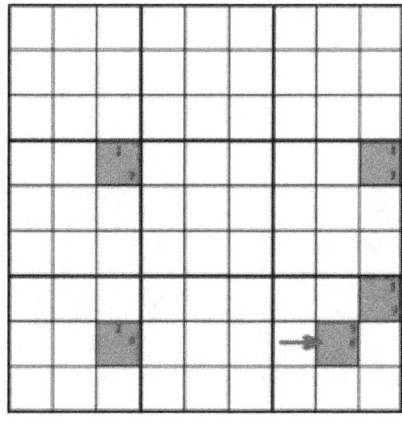

In this example, if you put the number 3 in the starting cell, you will see that the above-right neighboring cell must contain a 9. Now, try and enter a 6 in the starting cell instead, and move the other way around, entering candidate values. When you reach the above-right neighboring cell again, you will find it must contain a 9 this time around too. Thus, this cell must contain a 9.

Easy

Problem 1

3		4				8	2	1
5	1	2	8			3		6
6	8		1			5		
					4			
	7	9	2				6	5
4	5			9		7	2	3	8
	6			2	8	1		
9				6			8	
2		8	7	9	1	6		4

Problem 2

		7		9				
			7	6	2	1	3	9
9	3	6				7		2
7		9		3			1	8
1	6	3		8	5		2	7
						3		
3						5	6	4
		8	6		3	2		1
6		2		4	1	8	7	3

Problem 3

			8	5			2	
8	1			9	7			3
2		7	3	6			5	1
	2	8	1	4			3	
9	4	3	7		5		8	
		6	9	8	3		4	
	7					2		
4	3				2	6		8
	8	2				3	1	5

Problem 4

	1				3	4	9	
	5				8			
	2	3	9		1	7		5
		5				2	1	8
	6		1		5	3	4	
	9		8	3	4		7	
				1	9			4
	3	4	6	8		1	5	
2		1	4		7	9	6	3

Problem 5

8			4	9	3	1	2	5
	1	4			7	9	6	
		9		1			8	4
9		1	3					
		2		6	9	3	4	8
					2	5		9
	6	5	9	2	4			
	9		8	3	1	4	5	6
	8						9	

Problem 6

4		5		1		2	8	7
	7	2	5	6	8			1
	3	8		7	4	6	9	
		4		2	6	1		
					9		2	
			4			5	7	
			8	9	5	7		
	1		6			8	5	
	5		1	4	2	9	6	3

Problem 7

	9	6	8	5	7	2	3	1
			1	9			7	
			3			8		
	4	2		1		6	8	7
	3	1	7				2	
6		7	4			3		
7		3	5			9	4	
			2		4	1	6	3
	1		6	3		7		8

Problem 8

	9	7		3		2	8	4
2	3	8				6		1
	6			8		3		
	7	2	3	5	1			6
				2		1		8
9		3		6	8			
6		9	8	7	3	4		
3	2		5	1	6			9
7		1			4			

Problem 9

	2	1		7	5	3	6	
5		3			9	8		
				3	1		5	
	9		5		4		3	
2	3	4						5
7	1			2		4	9	6
3				5		9	7	
1	5		9		3		4	
8		9	7	4	2		1	

Problem 10

6	9			4	3	2		
5		1		6	7	4	3	8
3					2			1
	5				8			6
9					1	3		
1				9	6	7		5
7						6		
8	3	2	6	1	4	5	7	9
			3		9	8	1	2

Problem 11

3	9	1		7			8	
	7	6		1	8		4	
4		8	6	9				
6								4
7	5				9	8	6	
	8	3	4	6	5		9	1
8		5		4			2	
9		2					4	7
1	4				2	6	3	5

Problem 12

		9		1		6		4
6	4		5			1	7	3
		3				9	5	8
2	6	7	8				4	5
				4	3	7	9	
		4	6			8		2
	3	2	7		6			1
	8	1		3	2	5		
	7			8	4		3	

Problem 13

	3	7		4	2			
6	4	9	5	8		2	7	
2	8	5	7	9				
					5			4
	2		4	7	8	5		9
5	6	4				7		
		6			4	8		2
		3	1	2	7			6
4		2	8	3		1		

Problem 14

5	3		1					
	7	9	6			8		5
2	1	6	9	5		4	7	
	9				6	5		8
7								
6		3		1	4	7	2	9
		7	3					
		1			5	9	8	4
9		2	4	8	1	3	6	7

Problem 15

			9	1	5	4		8
					7			1
		1	4	8	6	2		5
3	1	4		5		8		
7		9	8				2	3
2		6	7	3	9	5		4
		7	1		4		8	
1	2	3	5	6	8			
4		8						

Problem 16

8		4	2					
9	3				5	1	6	2
			9		3		5	
1	7	3	5	4	2	9		6
2	6		7	3			1	4
		5		9	1	3		7
5					7		4	9
				2		6		5
	9	6				2		1

Problem 17

9	4	8	7		2	6		
1			4	5	9			3
	2		8		6		9	7
5		9			4	1	7	2
2	8	1		7	3			
7		4	2					
	5	7	9	6			3	
				4		7		9
		3	1			5		4

Problem 18

						2	1	6
9	2		6		4		7	3
6					5			4
5	9	6	7		8		3	
	3			5	6	7		9
1	4	7			9			
2	5	8	4		1		6	7
						9	2	5
3	6			7			8	1

Problem 19

4			5				2	1
	1			4	9	7	6	3
6		2		1				
9	3		1		5	6		
2	6					3		5
	8	5	3	2			9	4
8	5			3	1			6
1	4			5		8		
3				7		5	1	9

Problem 20

5				3	6		9	2
3	1				7		5	4
	4	9	1			3	8	
				6	1			
8			2	7	4		6	
7							2	
2		3	6	1	8	5	4	9
1	9	8		4			7	6
	5	6				8		3

Problem 21

	5	2	7	1			4	6	
				4	5			3	2
			6	9		7			
		9				3		5	
				6		8			
2	3	8	1	5		6	9	4	
1	2	5	4	7	6	9			
	8	7	5		1	2	4		
	6				8	5			

Problem 22

	8	7	3	9				2
1	2		5	6	8	7	9	
9	5	4	7		2		8	
2	7		4		1		6	
3			2		9			1
		1			6			
7	1	9		8		4		5
	6		1	2	7			
	3			4	5			

Problem 23

2	5	9		1	6			
7	3	1	2					8
		6				1	9	
1		8			4	7	2	3
	7		6					5
9			1		7		4	
		3	4	7	5	2		
6	9	7	3	2				
5	4		9	6	8		7	

Problem 24

3		2					7	
	6		1			8		2
	9			5	2	3	4	
			3			2		8
2	8	7			4	6		9
			2	8		4		7
	7		8	2		9		4
8	4	1	9		5		2	
9			7	4		1	8	5

Problem 25

			2			3	8	7
2		3		8			5	
9			3	6			2	1
	9		5		7	8	1	4
8		7	4					
1		5		2	8	7	3	6
5		1	8	4			7	3
7			9	6	5		4	
				7			6	

Problem 26

9		2		7		6		3
7	6				9	1		4
		1		5	6	7		2
	2		4	1	3	8	6	
6		4	5			2	3	
	9		2		8		7	5
8	1			3	2		4	6
	7		9					
					1	9	2	

Problem 27

		3		2				
		6		5	9			4
	2		1	6	7	3		
7		9	2		1			
6	1	5		9	8	4	2	
8	4	2		3	6		1	
3			6			9		
5	9		4		2			6
2			9	8		5	7	1

Problem 28

8				1	4			2
3	9	5	6		8			
1	4	2	7	9	5	8		6
2			1	4	6	7		9
7	1			3		6		5
						2	1	3
					2		6	7
	5	8	7		6			
6			4	7				8

Problem 29

9	7	5		3	2	1	8	6
3		1	7			9	4	2
2		4		6		5		
4				9	7	2		
	3			1	6		9	
	9						6	5
6	2	8		7	5			4
5	4	3	6	8			2	9

Problem 30

			9	4	3		8	
	6			8	2		1	4
9	4			1	6			3
		5	8	2	9	3		
6	1	9	3					2
		2		6		4		
3		6		5	7		4	8
2	8		6		1	7		
1	5						9	6

Problem 31

8	5	9					1	3
6			3				9	5
3	4			9	1		2	
5			4	6		1	3	7
				5	7	2		9
2		1		3				
			2	4	3	9	6	1
	3			1	5		7	2
1				7	8			4

Problem 32

	5	2	9		4		3	
	4	3	8		6	2		7
8	7	6		3				5
		5		4	9			
	3					1		
	9	8	5					4
5		9				7	8	
	8	1				4	9	6
	6	7	1	9	8	5	2	3

Problem 33

5	4		2		3	6	1	
	9	8	1		5	4		3
2		1	9				7	
8	5	6			1		4	
			4	2	8		5	6
7					9	8	3	
		2	8		7		9	4
	7		6					
4			3		2	1		7

Problem 34

		3		8				
		8			1		4	3
	2	7	5	6	3	1	9	
	8	1	3	5			6	4
	6	9	8		4	5	3	1
		4		9		7		2
	7	6		3				9
	4	5		1		3		6
3					5			7

Problem 35

9		8			5	1	2	
2			9					
	7	4				9		
	8	9		1	7	5		2
	4		8	3	2		9	7
			5	4		3	8	
	1	2	3	5				9
4			1		8	2		
	9	3		2	4	8	1	5

Medium

Problem 36

8							6	1
		6	3	1				
	1	2		9	5	7		4
	7	1			9	6	4	
	8			6			5	
	6				7	1		8
6	9	8	7					
	3	4	5			8		9
		7		8	3	4	1	

Problem 37

		7	9		3	6		
6	3				4		8	
	5			1	6			4
3	1	8		4			9	6
		4		5	9		1	
2		5						7
5		6			1	8	2	9
1	8		6			4		5
4					5			

Problem 38

					1	4		
4	1		2	5		9		
2				9		7		
6	3		1		2		8	
1			6		9	3		
9	2			7		1	6	3
			8		2	6		
	9		7		4	2		
8	4		5	6		3		1

Problem 39

	5	8		9				6
9	4	3	6	5		2		
							9	
5	7	4		6		8		
3	2		7	8			5	9
6	8		2			3	7	4
	3	2				9		5
			1	3			4	
4					9	1		

Problem 40

		9	5	8	2		1	3
7				4		9	8	
		3	4			2	5	
1				3		6		7
2	9	5			6	3		
5	1	8						6
				5		8	7	9
9	4		3		8	1	2	5

Problem 41

4								
	7				3		4	
3			2				8	
8			1		9			
1	4			8		7	5		6
	3	2		6	5	1		8
9		4		8	6	7		
		7	5	4	9	8		3
		3		2		4	6	9

Problem 42

				8	4			
8	6						9	4
						8		
2		5		4			3	7
6		3			7	2		9
		9	6	3			5	8
			4	1	6		8	3
4		8	2	7		5		6
1		6	5			4	7	

Problem 43

	5				4	2		
7	8		6			4		
	6							3
	2	8		6	1	5	7	
1		5		8			2	6
4	7		2	3		8		
	1		4					
	3	7		2	8	1	4	
		9		7		2	3	5

Problem 44

6				2	4			5
			3	6				
2			1	7	8			
1	8		5	4		9		3
9	6	3	2			5		
	7		6			8	2	
					3			6
4	5	6	7	1	2			8
3	9	8	4					

Problem 45

	4				7		5	3
	8		6					
7	2	3		4	1		9	
4		9	7		8		2	1
	5						6	7
						3		
		4		9	6	2	3	8
				3		6	7	4
3		2		7	4	9		5

Problem 46

	7			5	1	3	4	
			7	8		5		1
	1		3	4	6	2	9	7
							7	
9		7	4	6			8	5
	8				7	6	3	
8		1		7	5	4	2	
				2		8		
2				3			6	

Problem 47

	6	1	4		9	3		5
			7				4	9
							1	
5	7			1				
			3			4		7
		8	5		2			
	8	5	2	3	7		9	
4	3				8	5	2	6
1	2	9	6			7	3	8

Problem 48

	4		6	5			1	9
5				4		3		8
6	7			1		5		
		5			4			7
7		1	2		3	6		
		4		7		5		
			3	8	1		6	2
8		2		4			7	
1	3		9	2			5	

Problem 49

4				2	1	7		
5			4		3		1	
								3
7	3	6		5	2	8	9	4
	4					2		
2		5	8	9	4	3		6
6						5	3	9
3					9		4	8
9			6	3	8			

Problem 50

1		7	8				6	
		9	5	7	2			1
				1	9	7	4	
4			6			3	7	
5			3		9			6
	1		7				9	4
		5				2	1	
	6	1		5		4		
		4	2	8	1		9	5

Problem 51

	9						7	
3				2			6	1
	7	5	1	6		4		8
		7	4	5	3			
					8	5	4	7
		4	7	9	2			
7		9	2				1	6
4		1	9		6	3		
6		2	3		1			

Problem 52

4	3		8			2	1	7
					3	5		
7		9				3		4
			5		6	1	7	3
					1		2	
	1	5					9	8
			3		4			6
5	7	3		2	9	8		
6	4	1		5		9		2

Problem 53

					2	5		6
		2	3	5	9			7
7		8	6	4		2	3	9
							2	
8					5	7	6	4
	4		8		7			1
3	1	7	2					
6	2		5		3			
5		9		6		3		2

Problem 54

4				6	2			
				4		6		9
6	2		8		1		7	3
2					3	7	6	8
				7			2		1
7	1				6	9		
5		2		7	9			
1	6		2				5	9
9	3		6		5	8		

Problem 55

9		2	7		5		3	
7		8	6			4	5	
5				8	2	7	9	1
					8		2	7
		7		5			8	9
		1						
		4				5	7	
	7	5	8	3				
	9		5	4	7	2	6	8

Problem 56

3	6	9	8	5				
	2							1
8		4	2			5	3	
6	5		4		8			
		7	5	1		3	6	8
	3		9				4	
1	8	3				6		
9	4	2	6		5		1	
5				3	8			

Problem 57

5								9
		8	5					1
	4	2	6	1	9	5		3
				1		8		
2					4	9		
		6	2	9			1	
	8		9		2	1	7	
	6	7	4		1		5	
1	2	4	7	5		3		6

Problem 58

	7	3	2		6		1	9
					4			2
	9		8		7	3	4	5
	1	7			9		5	
				1	4	5	2	7	3
	5				8			6
9	2		4	6				7
	4				2			
	3	6			1			4

Problem 59

5	6	1	7	2				
7	2	9	1	3	4	8	5	6
8	4	3				1		
4					1	2		5
	5	8				6	1	
			6	5	2	4		
			2			5		
1			9			3		8
				1		7		

Problem 60

5		9	2		7		4	6
4	6		9		3	1	7	8
		3					2	5
3	2							
		5	3	7	2		6	
8	7			9	5			1
	3	1		4				
	4				1			
	5		8	2		4		3

Problem 61

		6	1	3	7			5
	9	1	4	2	8		3	6
					9	4		
6	8	7	5					
			8		3			9
9				6	1		8	
7	1	9		8			6	4
	6		9		4			
	5		3	1	6			

Problem 62

3		9		6				
		6		1	3	5		7
		5				6		8
			3		1	2		9
	9					7	1	3
1	7	3	4	2		8		6
	4	1				9		2
8		2					6	
9	6			4	2		8	

Problem 63

2		5		6				3
4		6	5		2	8		9
				9	7		5	
7	3	1				6		
	5	8	3				7	2
				5			3	
	1	9	6	7	3	5		4
				9		5		6	7
				2		3	9	

Problem 64

5	4	6	3			2	8	7
7					2		6	5
		2	7	5	6	1	3	
4	6			8			7	
			9		3	5		
		9		7	4	6		
		5	4	9		8	1	
					5		7	
		8		3		4		

Problem 65

4		1				9	7	
		6				1	2	5
					1	3		4
9				3	1	8		
5	8			9	7	4	1	
6	1	4	5			7	9	
	6	9	3	5		2		7
3					6	5		
		5				6		

Problem 66

9		6	3	1		5		2
3		2	6			4	1	8
	7					3	9	
	4	8	9	5	7	6		
	6	1			3			7
7			1	4	6			5
4		7	5		8		2	
		3			1			
				3				

Problem 67

9	7		2		1			3
		2	4		3	5	7	
3			7	5				
5	2			3		4		
	3		8	4		9	1	2
4					7	3		
	5		3	1		6		9
				5		2	8	4
				8	6	7		

Problem 68

8		1	6	7	9	2	3	
4		9					7	6
6		7				9	1	8
7	9				8			2
3		5	2	6	4			
						8	4	
	4			1		3	8	
5	7	3		9		4	6	
	6							

Problem 69

			2	5		3		
5					1	9	2	4
2	9			4		1		6
		1	8			4		
3			5	1	2	7	6	9
	2		7			8		5
4	7	9	1					3
						2	9	7
8		2			7			

Problem 70

			6	5	1			7
6		5		7		1	2	3
			2	8			9	
2		8	7			3	1	4
			8					
5						9	8	2
4		7	5			2		9
8				6	4			1
1	5		9				3	8

Hard

Problem 71

		5	4					9
		4		7	5		8	6
7		6		9	3	5		
6	7			4		9		
1	9						5	8
4	5		8				6	2
3	6	9			1	8	4	5
		4						
5			3					

Problem 72

9	8	5	2			6	7	4
				5		1		
7	1				8		5	9
	7	9	1					3
1	5	4		8	3			6
	3		5	9				7
5	2			9				
		7						
4		1		7			3	

Problem 73

	7				1	4	5	6
6	3		4					
	4			6	9	3		
7	6	4			3		1	
				9		7	8	6	2
				1			7	3	4
4						1		7
	5		7		4	6	2	
	2	7						

Problem 74

	8		5		1		2	
2	4	6		9			5	
		1	6				3	
	8			7			1	3
	2			1		7		
			9	3	2		8	
	5		1		6	3	9	
	1	3		4		5	6	
6		4	2					

Problem 75

2				8				7
						4	8	2
	8	7		9	5		6	1
		3	9	5			1	4
					3	7		
7				4			2	3
	7						4	5
	6	2	5	3				
	5		7	1		9	3	6

Problem 76

6		3					4	5
	4	2	5	1	3			8
				4	7	2		
3		6	1		4			2
4					9		5	
				6	2		7	
5			6	2				
	6					5	2	
2	3			4	5	6	8	

Problem 77

4		3	2	6				8
		5			3			6
6				5	8	4	3	
	6	1	5			8		
2		7		1				
	4	8						
		6		9	5	3		7
7	5			8	1	2		
	8	4	6	7				

Problem 78

5				9		8	4	
	1			4				
	4		7	8		3		6
3	6							8
9			6	3				2
					9		5	3
		3			4	5		
		5		6		2	8	
6	9	1	8		2	7	3	4

Problem 79

3			2				4	5
		6	5	3		9		
				4	7	1	3	
1	3		6		4			9
5						2		3
	6			9				
6	9			8	2			1
	5			1	6	7	2	4
			4	5		6		

Problem 80

8		2	4					1
5	4					8		9
	3				7		5	
						6		4
		4			8	9	1	
6		9		3			8	
9	7	3						8
		1	7	4	3	5	9	
	6	5	9		1		2	

Problem 81

		6		2			4	5
5	7		6		1		2	9
			5		3			
					2			4
3		7	9	6	4	5		
	4	8		7	5		6	2
		4			9		1	
	3			5	6			
	6			3	7			8

Problem 82

9				7	4	6	8	
8	1						7	2
	7	4	2	8				
	5							9
3	8			5				7
					3		4	8
2	4		5	6		8		3
				8		7	1	2	6
	6				2	7		

Problem 83

	4	7			1			3
6					2		7	
				6	7	8	4	5
4				2	8			
8	9	2						
1	7	6		9				
3		4	8	1	9	2		7
		5		3			1	9
	1		2				6	

Problem 84

2			8	3				6
				5		4	7	8	3
5	3	8		1				
8	4		2	6			1	
				9	4	8		6	
9		3	1	7	5			2
1				5	2	4		
	5							9
					6		2	

Problem 85

	7	6	1		5		4	
		8		7	4	5		
4	5	1		8			9	
6			4		9	2	8	
				6		9	5	
	3	7		2		4		
1	4	2						
7		3					2	
			1	3			7	4

Problem 86

5		3	9				1	
1	9				2			
	4			3			5	
8		1			9	6		
	6			8				
	5	9	1	4	6		7	
	1		6			3	8	5
6		5	4	1		7	2	
2					5		6	

Problem 87

9		7			2			
2				5		3		
				7			2	
7		8	4		5	2	3	1
	2			1	8	9		
4						7		
	2				1			6
	8	4	9		6	5		3
	3		5		7	4	1	2

Problem 88

2		7	5		9		1	
1	3				2			5
				1		3	2	8
			7		5			
			1		8	7	3	
4	7			6		5		
						2	4	9
	9	1		5		8		
7		4	8			1	5	3

Problem 89

1	4		9		2		6	8
8	2			7		3		
9		7				1	2	
5			4		7			
	6	2		1				7
				2			1	
6		8				9		3
	3		7	9	5	4	8	6
				3				1

Problem 90

3		7				9		6
8	4				3	1	2	5
2			5	8	6	7		
6			7	4				
				9	8	2		
	9							8
5	2	1				4		
9			1	6				2
	6			5	4	8	9	

Problem 91

		1	4		2			
9			6			1	2	4
				9				
	9	3	8			2	4	
					3		9	
				9	4	8	1	3
4			7	6	5			1
	1			2	9		8	
3	5			8	4	6		2

Problem 92

7		2		1			8	
	9			3	2		4	1
		4		8	9			3
8	7	1						
	2			6		1	3	
		3	1	4	8			
			8		1	3		
	1			2	4		6	5
	8	5				2		4

Problem 93

	7		6	5				
				9		6	5	
		9	3			4		
	8	5		1		7		
2	1				5	9		6
9	6	4			3		8	
5		6		2		8	1	3
8		1						7
		2		6	8		4	

Problem 94

6		5					2	
	1		2	4			7	
	4	7		6		9		
4	2				6	8		
		3	4					7
		6						
1			7	8	9	5	4	3
		9	3	5	4	6	1	2
			6	1				9

Problem 95

			1		7			
		2			6			3
5	4				9	7	1	
	8			5	2		4	1
	1	4	6	7	3	5		
							6	7
		7	4	9		1		8
	9	1			8	6	7	5
	3					9		

Problem 96

	2		7	9	4			
5	4							
7	1		5	2	8	3	4	
9				8				
		5				8	6	
2			4	5	1			
3		1			5		7	
8		7	1		2		9	
	6		9	7	3			8

Problem 97

			9	8	1			3
	3		5	7				
1	7						5	
2		3	7		8			
4	5	1	3			8		7
6	8		1				2	
3	1	2		5	9		8	
			8	1	7			
			2	3				1

Problem 98

			3	7		4		6
				4				7
4	3	7			1	2	9	8
				1			4	9
	9			3		5		2
		4					3	1
3			2			9	8	4
9	4	6		8		7		5
		2		4				

Problem 99

		9			8			3
		8				4		
7	3	4	5	1	2	6		
8			2		5	3		4
4		2		3	6		8	
		3					7	
			1				6	4
		5		8	3		2	1
		6	7	2	4			

Problem 100

3	7	4		9			1	5
				3	4	6		9
			7	1	8	4		
		3		6	2	7		
			3	4	1	9	2	8
		2		7			6	
6			4	8				
9	8	1						
	3			5	9			

Problem 101

5			4				3	
				5		7		
	1				2	6	5	4
	8	5	2			4	1	7
		4	5		1			3
		1	8	4	7			
				1		3	4	
			6	8	9			
1			3		4	5	8	9

Did you enjoy the book?

At Pencil Games we are working hard to make great books. When you leave a review of one of our books this helps us tremendously. If you have the time, please do us the favor and leave a review on Amazon. Thank you!

Join our Community

Go to Facebook and search for "Pencil Games" for news, updates and special offers!

Solutions

Solution 1

3	9	4	5	7	6	8	2	1
5	1	2	8	4	9	3	7	6
6	8	7	1	3	2	5	4	9
8	2	3	6	5	4	9	1	7
1	7	9	2	8	3	4	6	5
4	5	6	9	1	7	2	3	8
7	6	5	4	2	8	1	9	3
9	4	1	3	6	5	7	8	2
2	3	8	7	9	1	6	5	4

Solution 2

2	1	7	3	9	4	6	8	5
4	8	5	7	6	2	1	3	9
9	3	6	1	5	8	7	4	2
7	5	9	2	3	6	4	1	8
1	6	3	4	8	5	9	2	7
8	2	4	9	1	7	3	5	6
3	7	1	8	2	9	5	6	4
5	4	8	6	7	3	2	9	1
6	9	2	5	4	1	8	7	3

Solution 3

3	6	4	8	5	1	9	2	7
8	1	5	2	9	7	4	6	3
2	9	7	3	6	4	8	5	1
7	2	8	1	4	6	5	3	9
9	4	3	7	2	5	1	8	6
1	5	6	9	8	3	7	4	2
5	7	1	6	3	8	2	9	4
4	3	9	5	1	2	6	7	8
6	8	2	4	7	9	3	1	5

Solution 4

7	1	8	5	6	3	4	9	2
4	5	9	2	7	8	6	3	1
6	2	3	9	4	1	7	8	5
3	4	5	7	9	6	2	1	8
8	6	7	1	2	5	3	4	9
1	9	2	8	3	4	5	7	6
5	7	6	3	1	9	8	2	4
9	3	4	6	8	2	1	5	7
2	8	1	4	5	7	9	6	3

Solution 5

8	7	6	4	9	3	1	2	5
5	1	4	2	8	7	9	6	3
3	2	9	5	1	6	7	8	4
9	4	1	3	5	8	6	7	2
7	5	2	1	6	9	3	4	8
6	3	8	7	4	2	5	1	9
1	6	5	9	2	4	8	3	7
2	9	7	8	3	1	4	5	6
4	8	3	6	7	5	2	9	1

Solution 7

4	9	6	8	5	7	2	3	1
3	2	8	1	9	6	5	7	4
1	7	5	3	4	2	8	9	6
5	4	2	9	1	3	6	8	7
9	3	1	7	6	8	4	2	5
6	8	7	4	2	5	3	1	9
7	6	3	5	8	1	9	4	2
8	5	9	2	7	4	1	6	3
2	1	4	6	3	9	7	5	8

Solution 6

4	6	5	9	1	3	2	8	7
9	7	2	5	6	8	3	4	1
1	3	8	2	7	4	6	9	5
5	9	4	7	2	6	1	3	8
7	8	1	3	5	9	4	2	6
3	2	6	4	8	1	5	7	9
6	4	3	8	9	5	7	1	2
2	1	9	6	3	7	8	5	4
8	5	7	1	4	2	9	6	3

Solution 8

1	9	7	6	3	5	2	8	4
2	3	8	7	4	9	6	5	1
4	6	5	1	8	2	3	9	7
8	7	2	3	5	1	9	4	6
5	4	6	2	9	7	1	3	8
9	1	3	4	6	8	7	2	5
6	5	9	8	7	3	4	1	2
3	2	4	5	1	6	8	7	9
7	8	1	9	2	4	5	6	3

Solution 9

9	2	1	8	7	5	3	6	4
5	7	3	4	6	9	8	2	1
4	8	6	2	3	1	7	5	9
6	9	8	5	1	4	2	3	7
2	3	4	6	9	7	1	8	5
7	1	5	3	2	8	4	9	6
3	4	2	1	5	6	9	7	8
1	5	7	9	8	3	6	4	2
8	6	9	7	4	2	5	1	3

Solution 11

3	9	1	5	7	4	2	8	6
5	7	6	2	1	8	9	4	3
4	2	8	6	9	3	5	1	7
6	1	9	8	2	7	3	5	4
7	5	4	1	3	9	8	6	2
2	8	3	4	6	5	7	9	1
8	3	5	7	4	6	1	2	9
9	6	2	3	5	1	4	7	8
1	4	7	9	8	2	6	3	5

Solution 10

6	9	8	1	4	3	2	5	7
5	2	1	9	6	7	4	3	8
3	7	4	5	8	2	9	6	1
2	5	7	4	3	8	1	9	6
9	8	6	7	5	1	3	2	4
1	4	3	2	9	6	7	8	5
7	1	9	8	2	5	6	4	3
8	3	2	6	1	4	5	7	9
4	6	5	3	7	9	8	1	2

Solution 12

7	5	9	3	1	8	6	2	4
6	4	8	5	2	9	1	7	3
1	2	3	4	6	7	9	5	8
2	6	7	8	9	1	3	4	5
8	1	5	2	4	3	7	9	6
3	9	4	6	7	5	8	1	2
9	3	2	7	5	6	4	8	1
4	8	1	9	3	2	5	6	7
5	7	6	1	8	4	2	3	9

Solution 13

1	3	7	6	4	2	9	8	5
6	4	9	5	8	1	2	7	3
2	8	5	7	9	3	6	4	1
9	7	8	2	6	5	3	1	4
3	2	1	4	7	8	5	6	9
5	6	4	3	1	9	7	2	8
7	1	6	9	5	4	8	3	2
8	9	3	1	2	7	4	5	6
4	5	2	8	3	6	1	9	7

Solution 15

6	3	2	9	1	5	4	7	8
8	4	5	3	2	7	9	6	1
9	7	1	4	8	6	2	3	5
3	1	4	6	5	2	8	9	7
7	5	9	8	4	1	6	2	3
2	8	6	7	3	9	5	1	4
5	6	7	1	9	4	3	8	2
1	2	3	5	6	8	7	4	9
4	9	8	2	7	3	1	5	6

Solution 14

5	3	8	1	4	7	2	9	6
4	7	9	6	3	2	8	1	5
2	1	6	9	5	8	4	7	3
1	9	4	2	7	6	5	3	8
7	2	5	8	9	3	6	4	1
6	8	3	5	1	4	7	2	9
8	4	7	3	6	9	1	5	2
3	6	1	7	2	5	9	8	4
9	5	2	4	8	1	3	6	7

Solution 16

8	5	4	2	1	6	7	9	3
9	3	7	4	8	5	1	6	2
6	1	2	9	7	3	4	5	8
1	7	3	5	4	2	9	8	6
2	6	9	7	3	8	5	1	4
4	8	5	6	9	1	3	2	7
5	2	1	3	6	7	8	4	9
3	4	8	1	2	9	6	7	5
7	9	6	8	5	4	2	3	1

Solution 17

9	4	8	7	3	2	6	1	5
1	7	6	4	5	9	8	2	3
3	2	5	8	1	6	4	9	7
5	3	9	6	8	4	1	7	2
2	8	1	5	7	3	9	4	6
7	6	4	2	9	1	3	5	8
4	5	7	9	6	8	2	3	1
8	1	2	3	4	5	7	6	9
6	9	3	1	2	7	5	8	4

Solution 19

4	7	3	5	6	8	9	2	1
5	1	8	2	4	9	7	6	3
6	9	2	7	1	3	4	8	5
9	3	4	1	8	5	6	7	2
2	6	1	4	9	7	3	5	8
7	8	5	3	2	6	1	9	4
8	5	7	9	3	1	2	4	6
1	4	9	6	5	2	8	3	7
3	2	6	8	7	4	5	1	9

Solution 18

4	8	5	9	3	7	2	1	6
9	2	1	6	8	4	5	7	3
6	7	3	2	1	5	8	9	4
5	9	6	7	4	8	1	3	2
8	3	2	1	5	6	7	4	9
1	4	7	3	2	9	6	5	8
2	5	8	4	9	1	3	6	7
7	1	4	8	6	3	9	2	5
3	6	9	5	7	2	4	8	1

Solution 20

5	8	7	4	3	6	1	9	2
3	1	2	9	8	7	6	5	4
6	4	9	1	2	5	3	8	7
9	2	4	8	6	1	7	3	5
8	3	5	2	7	4	9	6	1
7	6	1	3	5	9	4	2	8
2	7	3	6	1	8	5	4	9
1	9	8	5	4	3	2	7	6
4	5	6	7	9	2	8	1	3

Solution 21

8	5	2	7	1	3	4	6	9
7	9	6	8	4	5	1	3	2
4	1	3	6	9	2	7	5	8
6	7	9	2	8	4	3	1	5
5	4	1	3	6	9	8	2	7
2	3	8	1	5	7	6	9	4
1	2	5	4	7	6	9	8	3
9	8	7	5	3	1	2	4	6
3	6	4	9	2	8	5	7	1

Solution 23

2	5	9	8	1	6	4	3	7
7	3	1	2	4	9	6	5	8
4	8	6	7	5	3	1	9	2
1	6	8	5	9	4	7	2	3
3	7	4	6	8	2	9	1	5
9	2	5	1	3	7	8	4	6
8	1	3	4	7	5	2	6	9
6	9	7	3	2	1	5	8	4
5	4	2	9	6	8	3	7	1

Solution 22

6	8	7	3	9	4	5	1	2
1	2	3	5	6	8	7	9	4
9	5	4	7	1	2	6	8	3
2	7	8	4	5	1	3	6	9
3	4	6	2	7	9	8	5	1
5	9	1	8	3	6	2	4	7
7	1	9	6	8	3	4	2	5
4	6	5	1	2	7	9	3	8
8	3	2	9	4	5	1	7	6

Solution 24

3	1	2	4	9	8	5	7	6
4	6	5	1	3	7	8	9	2
7	9	8	6	5	2	3	4	1
6	5	4	3	7	9	2	1	8
2	8	7	5	1	4	6	3	9
1	3	9	2	8	6	4	5	7
5	7	3	8	2	1	9	6	4
8	4	1	9	6	5	7	2	3
9	2	6	7	4	3	1	8	5

Solution 25

4	5	6	2	9	1	3	8	7
2	1	3	7	8	4	6	5	9
9	7	8	3	6	5	4	2	1
6	9	2	5	3	7	8	1	4
8	3	7	4	1	6	2	9	5
1	4	5	9	2	8	7	3	6
5	6	1	8	4	2	9	7	3
7	2	9	6	5	3	1	4	8
3	8	4	1	7	9	5	6	2

Solution 27

9	5	3	8	2	4	1	6	7
1	7	6	3	5	9	2	8	4
4	2	8	1	6	7	3	9	5
7	3	9	2	4	1	6	5	8
6	1	5	7	9	8	4	2	3
8	4	2	5	3	6	7	1	9
3	8	7	6	1	5	9	4	2
5	9	1	4	7	2	8	3	6
2	6	4	9	8	3	5	7	1

Solution 26

9	5	2	1	7	4	6	8	3
7	6	8	3	2	9	1	5	4
3	4	1	8	5	6	7	9	2
5	2	7	4	1	3	8	6	9
6	8	4	5	9	7	2	3	1
1	9	3	2	6	8	4	7	5
8	1	9	7	3	2	5	4	6
2	7	6	9	4	5	3	1	8
4	3	5	6	8	1	9	2	7

Solution 28

8	7	6	3	1	4	5	9	2
3	9	5	6	2	8	1	7	4
1	4	2	7	9	5	8	3	6
2	5	3	1	4	6	7	8	9
7	1	8	2	3	9	6	4	5
9	6	4	5	8	7	2	1	3
4	3	1	8	5	2	9	6	7
5	8	7	9	6	3	4	2	1
6	2	9	4	7	1	3	5	8

Solution 29

9	7	5	4	3	2	1	8	6
3	6	1	7	5	8	9	4	2
2	8	4	1	6	9	5	7	3
4	5	6	8	9	7	2	3	1
8	3	2	5	1	6	4	9	7
1	9	7	2	4	3	8	6	5
7	1	9	3	2	4	6	5	8
6	2	8	9	7	5	3	1	4
5	4	3	6	8	1	7	2	9

Solution 31

8	5	9	7	2	6	4	1	3
6	1	2	3	8	4	7	9	5
3	4	7	5	9	1	6	2	8
5	9	8	4	6	2	1	3	7
4	6	3	1	5	7	2	8	9
2	7	1	8	3	9	5	4	6
7	8	5	2	4	3	9	6	1
9	3	4	6	1	5	8	7	2
1	2	6	9	7	8	3	5	4

Solution 30

5	2	1	9	4	3	6	8	7
7	6	3	5	8	2	9	1	4
9	4	8	7	1	6	5	2	3
4	7	5	8	2	9	3	6	1
6	1	9	3	7	4	8	5	2
8	3	2	1	6	5	4	7	9
3	9	6	2	5	7	1	4	8
2	8	4	6	9	1	7	3	5
1	5	7	4	3	8	2	9	6

Solution 32

1	5	2	9	7	4	6	3	8
9	4	3	8	5	6	2	1	7
8	7	6	2	3	1	9	4	5
6	1	5	3	4	9	8	7	2
2	3	4	6	8	7	1	5	9
7	9	8	5	1	2	3	6	4
5	2	9	4	6	3	7	8	1
3	8	1	7	2	5	4	9	6
4	6	7	1	9	8	5	2	3

Solution 33

5	4	7	2	8	3	6	1	9
6	9	8	1	7	5	4	2	3
2	3	1	9	4	6	5	7	8
8	5	6	7	3	1	9	4	2
3	1	9	4	2	8	7	5	6
7	2	4	5	6	9	8	3	1
1	6	2	8	5	7	3	9	4
9	7	3	6	1	4	2	8	5
4	8	5	3	9	2	1	6	7

Solution 35

9	3	8	4	7	5	1	2	6
2	6	5	9	8	1	7	3	4
1	7	4	2	6	3	9	5	8
3	8	9	6	1	7	5	4	2
5	4	1	8	3	2	6	9	7
7	2	6	5	4	9	3	8	1
8	1	2	3	5	6	4	7	9
4	5	7	1	9	8	2	6	3
6	9	3	7	2	4	8	1	5

Solution 34

9	1	3	4	8	2	6	7	5
6	5	8	9	7	1	2	4	3
4	2	7	5	6	3	1	9	8
2	8	1	3	5	7	9	6	4
7	6	9	8	2	4	5	3	1
5	3	4	1	9	6	7	8	2
1	7	6	2	3	8	4	5	9
8	4	5	7	1	9	3	2	6
3	9	2	6	4	5	8	1	7

Solution 36

8	5	9	4	7	2	3	6	1
7	4	6	3	1	8	9	2	5
3	1	2	6	9	5	7	8	4
2	7	1	8	5	9	6	4	3
9	8	3	1	6	4	2	5	7
4	6	5	2	3	7	1	9	8
6	9	8	7	4	1	5	3	2
1	3	4	5	2	6	8	7	9
5	2	7	9	8	3	4	1	6

Solution 37

8	4	7	9	2	3	6	5	1
6	3	1	5	7	4	9	8	2
9	5	2	8	1	6	7	3	4
3	1	8	2	4	7	5	9	6
7	6	4	3	5	9	2	1	8
2	9	5	1	6	8	3	4	7
5	7	6	4	3	1	8	2	9
1	8	3	6	9	2	4	7	5
4	2	9	7	8	5	1	6	3

Solution 38

5	7	9	3	8	1	4	2	6
4	1	8	2	5	6	9	3	7
2	6	3	9	4	7	5	1	8
6	3	7	1	2	5	8	4	9
1	8	4	6	9	3	7	5	2
9	2	5	4	7	8	1	6	3
7	5	1	8	3	2	6	9	4
3	9	6	7	1	4	2	8	5
8	4	2	5	6	9	3	7	1

Solution 39

2	5	8	3	9	7	4	1	6
9	4	3	6	5	1	2	8	7
7	1	6	8	4	2	5	9	3
5	7	4	9	6	3	8	2	1
3	2	1	7	8	4	6	5	9
6	8	9	2	1	5	3	7	4
1	3	2	4	7	8	9	6	5
8	9	5	1	3	6	7	4	2
4	6	7	5	2	9	1	3	8

Solution 40

8	3	2	7	9	1	5	6	4
4	6	9	5	8	2	7	1	3
7	5	1	6	4	3	9	8	2
6	7	3	4	1	9	2	5	8
1	8	4	2	3	5	6	9	7
2	9	5	8	7	6	3	4	1
5	1	8	9	2	7	4	3	6
3	2	6	1	5	4	8	7	9
9	4	7	3	6	8	1	2	5

Solution 41

4	6	5	9	7	8	2	3	1
2	7	8	6	1	3	9	4	5
3	9	1	2	5	4	6	8	7
8	5	6	1	9	2	3	7	4
1	4	9	8	3	7	5	2	6
7	3	2	4	6	5	1	9	8
9	1	4	3	8	6	7	5	2
6	2	7	5	4	9	8	1	3
5	8	3	7	2	1	4	6	9

Solution 43

9	5	1	3	4	2	7	6	8
7	8	3	6	5	9	4	1	2
2	6	4	8	1	7	9	5	3
3	2	8	9	6	1	5	7	4
1	9	5	7	8	4	3	2	6
4	7	6	2	3	5	8	9	1
5	1	2	4	9	3	6	8	7
6	3	7	5	2	8	1	4	9
8	4	9	1	7	6	2	3	5

Solution 42

9	2	1	3	8	4	7	6	5
8	6	7	1	2	5	3	9	4
3	5	4	7	6	9	8	2	1
2	8	5	9	4	1	6	3	7
6	1	3	8	5	7	2	4	9
7	4	9	6	3	2	1	5	8
5	7	2	4	1	6	9	8	3
4	9	8	2	7	3	5	1	6
1	3	6	5	9	8	4	7	2

Solution 44

6	3	7	9	2	4	1	8	5
8	1	9	3	6	5	2	4	7
2	4	5	1	7	8	6	3	9
1	8	2	5	4	7	9	6	3
9	6	3	2	8	1	5	7	4
5	7	4	6	3	9	8	2	1
7	2	1	8	9	3	4	5	6
4	5	6	7	1	2	3	9	8
3	9	8	4	5	6	7	1	2

Solution 45

9	4	6	2	8	7	1	5	3
1	8	5	6	3	9	7	4	2
7	2	3	5	4	1	8	9	6
4	3	9	7	6	8	5	2	1
2	5	8	9	1	3	4	6	7
6	1	7	4	5	2	3	8	9
5	7	4	1	9	6	2	3	8
8	9	1	3	2	5	6	7	4
3	6	2	8	7	4	9	1	5

Solution 47

8	6	1	4	2	9	3	7	5
2	5	3	7	6	1	8	4	9
7	9	4	8	5	3	6	1	2
5	7	6	9	1	4	2	8	3
9	1	2	3	8	6	4	5	7
3	4	8	5	7	2	9	6	1
6	8	5	2	3	7	1	9	4
4	3	7	1	9	8	5	2	6
1	2	9	6	4	5	7	3	8

Solution 46

6	7	9	2	5	1	3	4	8
4	3	2	7	8	9	5	1	6
5	1	8	3	4	6	2	9	7
3	5	6	8	1	2	9	7	4
9	2	7	4	6	3	1	8	5
1	8	4	5	9	7	6	3	2
8	6	1	9	7	5	4	2	3
7	9	3	6	2	4	8	5	1
2	4	5	1	3	8	7	6	9

Solution 48

2	4	8	6	5	3	7	1	9
5	1	9	4	7	2	3	8	6
6	7	3	1	9	8	5	2	4
3	6	5	8	1	4	2	9	7
7	8	1	2	3	9	6	4	5
9	2	4	7	6	5	8	3	1
4	5	7	3	8	1	9	6	2
8	9	2	5	4	6	1	7	3
1	3	6	9	2	7	4	5	8

Solution 49

4	6	3	9	2	1	7	8	5
5	7	8	4	6	3	9	1	2
1	9	2	7	8	5	4	6	3
7	3	6	1	5	2	8	9	4
8	4	9	3	7	6	2	5	1
2	1	5	8	9	4	3	7	6
6	8	1	2	4	7	5	3	9
3	2	7	5	1	9	6	4	8
9	5	4	6	3	8	1	2	7

Solution 51

1	9	6	8	3	4	2	7	5
3	4	8	5	2	7	9	6	1
2	7	5	1	6	9	4	3	8
8	1	7	4	5	3	6	2	9
9	2	3	6	1	8	5	4	7
5	6	4	7	9	2	1	8	3
7	3	9	2	4	5	8	1	6
4	8	1	9	7	6	3	5	2
6	5	2	3	8	1	7	9	4

Solution 50

1	2	7	8	3	4	5	6	9
6	4	9	5	7	2	8	3	1
8	5	3	1	9	6	7	4	2
4	9	2	6	1	5	3	7	8
5	7	8	3	4	9	1	2	6
3	1	6	7	2	8	9	5	4
9	8	5	4	6	3	2	1	7
2	6	1	9	5	7	4	8	3
7	3	4	2	8	1	6	9	5

Solution 52

4	3	6	8	9	5	2	1	7
1	2	8	4	7	3	5	6	9
7	5	9	1	6	2	3	8	4
2	9	4	5	8	6	1	7	3
8	6	7	9	3	1	4	2	5
3	1	5	2	4	7	6	9	8
9	8	2	3	1	4	7	5	6
5	7	3	6	2	9	8	4	1
6	4	1	7	5	8	9	3	2

Solution 53

4	9	3	7	8	2	5	1	6
1	6	2	3	5	9	4	8	7
7	5	8	6	4	1	2	3	9
9	7	5	1	6	4	8	2	3
8	3	1	9	2	5	7	6	4
2	4	6	8	3	7	9	5	1
3	1	7	2	9	8	6	4	5
6	2	4	5	7	3	1	9	8
5	8	9	4	1	6	3	7	2

Solution 55

9	4	2	7	1	5	8	3	6
7	1	8	6	9	3	4	5	2
5	3	6	4	8	2	7	9	1
4	5	9	1	6	8	3	2	7
3	6	7	2	5	4	1	8	9
8	2	1	3	7	9	6	4	5
6	8	4	9	2	1	5	7	3
2	7	5	8	3	6	9	1	4
1	9	3	5	4	7	2	6	8

Solution 54

4	7	3	9	6	2	1	8	5
8	5	1	3	4	7	6	2	9
6	2	9	8	5	1	4	7	3
2	4	5	1	9	3	7	6	8
3	9	6	7	8	4	2	5	1
7	1	8	5	2	6	9	3	4
5	8	2	4	7	9	3	1	6
1	6	4	2	3	8	5	9	7
9	3	7	6	1	5	8	4	2

Solution 56

3	6	9	8	5	1	4	7	2
7	2	5	3	4	6	9	8	1
8	1	4	2	7	9	5	3	6
6	5	1	4	3	8	2	9	7
4	9	7	5	1	2	3	6	8
2	3	8	9	6	7	1	4	5
1	8	3	7	2	4	6	5	9
9	4	2	6	8	5	7	1	3
5	7	6	1	9	3	8	2	4

Solution 57

5	1	3	8	2	7	6	4	9
6	9	8	5	4	3	7	2	1
7	4	2	6	1	9	5	8	3
4	5	9	1	7	6	8	3	2
2	7	1	3	8	4	9	6	5
8	3	6	2	9	5	4	1	7
3	8	5	9	6	2	1	7	4
9	6	7	4	3	1	2	5	8
1	2	4	7	5	8	3	9	6

Solution 59

5	6	1	7	2	8	9	3	4
7	2	9	1	3	4	8	5	6
8	4	3	5	9	6	1	7	2
4	3	6	8	7	1	2	9	5
2	5	8	3	4	9	6	1	7
9	1	7	6	5	2	4	8	3
3	9	4	2	8	7	5	6	1
1	7	2	9	6	5	3	4	8
6	8	5	4	1	3	7	2	9

Solution 58

4	7	3	2	5	6	8	1	9
1	8	5	9	3	4	7	6	2
6	9	2	8	1	7	3	4	5
3	1	7	6	2	9	4	5	8
8	6	9	1	4	5	2	7	3
2	5	4	3	7	8	1	9	6
9	2	1	4	6	3	5	8	7
5	4	8	7	9	2	6	3	1
7	3	6	5	8	1	9	2	4

Solution 60

5	8	9	2	1	7	3	4	6
4	6	2	9	5	3	1	7	8
7	1	3	4	6	8	9	2	5
3	2	6	1	8	4	5	9	7
1	9	5	3	7	2	8	6	4
8	7	4	6	9	5	2	3	1
9	3	1	5	4	6	7	8	2
2	4	8	7	3	1	6	5	9
6	5	7	8	2	9	4	1	3

Solution 61

8	4	6	1	3	7	9	2	5
5	9	1	4	2	8	7	3	6
2	7	3	6	5	9	4	1	8
6	8	7	5	9	2	1	4	3
1	2	5	8	4	3	6	7	9
9	3	4	7	6	1	5	8	2
7	1	9	2	8	5	3	6	4
3	6	8	9	7	4	2	5	1
4	5	2	3	1	6	8	9	7

Solution 63

2	9	5	8	6	1	7	4	3
4	7	6	5	3	2	8	1	9
1	8	3	4	9	7	2	5	6
7	3	1	2	4	9	6	8	5
9	5	8	3	1	6	4	7	2
6	2	4	7	5	8	9	3	1
8	1	9	6	7	3	5	2	4
3	4	2	9	8	5	1	6	7
5	6	7	1	2	4	3	9	8

Solution 62

3	8	9	7	6	5	4	2	1
4	2	6	8	1	3	5	9	7
7	1	5	2	9	4	6	3	8
6	5	8	3	7	1	2	4	9
2	9	4	5	8	6	7	1	3
1	7	3	4	2	9	8	5	6
5	4	1	6	3	8	9	7	2
8	3	2	9	5	7	1	6	4
9	6	7	1	4	2	3	8	5

Solution 64

5	4	6	3	1	9	2	8	7
7	1	3	8	4	2	9	6	5
8	9	2	7	5	6	1	3	4
4	6	1	5	2	8	3	7	9
2	8	7	9	6	3	5	4	1
3	5	9	1	7	4	6	2	8
6	2	5	4	9	7	8	1	3
1	3	4	6	8	5	7	9	2
9	7	8	2	3	1	4	5	6

Solution 65

4	3	1	2	6	5	9	7	8
8	9	6	7	4	3	1	2	5
7	5	2	8	1	9	3	6	4
9	2	7	4	3	1	8	5	6
5	8	3	6	9	7	4	1	2
6	1	4	5	8	2	7	9	3
1	6	9	3	5	4	2	8	7
3	7	8	1	2	6	5	4	9
2	4	5	9	7	8	6	3	1

Solution 67

9	7	5	2	6	1	8	4	3
1	8	2	4	9	3	5	7	6
3	6	4	7	5	8	2	9	1
5	2	8	1	3	9	4	6	7
7	3	6	8	4	5	9	1	2
4	1	9	6	2	7	3	5	8
8	5	7	3	1	4	6	2	9
6	9	3	5	7	2	1	8	4
2	4	1	9	8	6	7	3	5

Solution 66

9	8	6	3	1	4	5	7	2
3	5	2	6	7	9	4	1	8
1	7	4	8	2	5	3	9	6
2	4	8	9	5	7	6	3	1
5	6	1	2	8	3	9	4	7
7	3	9	1	4	6	2	8	5
4	9	7	5	6	8	1	2	3
6	2	3	7	9	1	8	5	4
8	1	5	4	3	2	7	6	9

Solution 68

8	5	1	6	7	9	2	3	4
4	2	9	3	8	1	5	7	6
6	3	7	4	2	5	9	1	8
7	9	4	1	3	8	6	5	2
3	8	5	2	6	4	1	9	7
2	1	6	9	5	7	8	4	3
9	4	2	7	1	6	3	8	5
5	7	3	8	9	2	4	6	1
1	6	8	5	4	3	7	2	9

Solution 69

6	1	4	2	5	9	3	7	8
5	8	3	6	7	1	9	2	4
2	9	7	3	4	8	1	5	6
7	5	1	8	9	6	4	3	2
3	4	8	5	1	2	7	6	9
9	2	6	7	3	4	8	1	5
4	7	9	1	2	5	6	8	3
1	6	5	4	8	3	2	9	7
8	3	2	9	6	7	5	4	1

Solution 71

2	1	5	4	6	8	3	7	9
9	3	4	1	7	5	2	8	6
7	8	6	2	9	3	5	1	4
6	7	8	5	4	2	9	3	1
1	9	2	6	3	7	4	5	8
4	5	3	8	1	9	7	6	2
3	6	9	7	2	1	8	4	5
8	4	7	9	5	6	1	2	3
5	2	1	3	8	4	6	9	7

Solution 70

3	2	9	6	5	1	8	4	7
6	8	5	4	7	9	1	2	3
7	4	1	2	8	3	5	9	6
2	6	8	7	9	5	3	1	4
9	1	3	8	4	2	6	7	5
5	7	4	1	3	6	9	8	2
4	3	7	5	1	8	2	6	9
8	9	2	3	6	4	7	5	1
1	5	6	9	2	7	4	3	8

Solution 72

9	8	5	2	3	1	6	7	4
6	4	3	9	5	7	1	2	8
7	1	2	4	6	8	3	5	9
8	7	9	1	2	6	5	4	3
1	5	4	7	8	3	2	9	6
2	3	6	5	9	4	8	1	7
5	2	8	3	4	9	7	6	1
3	9	7	6	1	5	4	8	2
4	6	1	8	7	2	9	3	5

Solution 73

2	7	9	3	8	1	4	5	6
6	3	8	4	7	5	2	9	1
5	4	1	2	6	9	3	8	7
7	6	4	8	2	3	9	1	5
3	1	5	9	4	7	8	6	2
9	8	2	1	5	6	7	3	4
4	9	6	5	3	2	1	7	8
8	5	3	7	1	4	6	2	9
1	2	7	6	9	8	5	4	3

Solution 75

2	3	6	4	8	1	5	9	7
5	1	9	3	7	6	4	8	2
4	8	7	2	9	5	3	6	1
6	2	3	9	5	7	8	1	4
1	4	8	6	2	3	7	5	9
7	9	5	1	4	8	6	2	3
3	7	1	8	6	9	2	4	5
9	6	2	5	3	4	1	7	8
8	5	4	7	1	2	9	3	6

Solution 74

3	8	9	5	7	1	6	2	4
2	4	6	3	9	8	1	5	7
5	7	1	6	2	4	8	3	9
9	6	8	4	5	7	2	1	3
4	3	2	8	1	6	7	9	5
1	5	7	9	3	2	4	8	6
7	2	5	1	6	3	9	4	8
8	1	3	7	4	9	5	6	2
6	9	4	2	8	5	3	7	1

Solution 76

6	1	3	2	9	8	7	4	5
7	4	2	5	1	3	9	6	8
9	5	8	4	7	6	2	1	3
3	7	6	1	5	4	8	9	2
4	2	1	7	8	9	3	5	6
8	9	5	3	6	2	1	7	4
5	8	9	6	2	1	4	3	7
1	6	4	8	3	7	5	2	9
2	3	7	9	4	5	6	8	1

Solution 77

4	7	3	2	6	9	1	5	8
8	9	5	1	4	3	7	2	6
6	1	2	7	5	8	4	3	9
9	6	1	5	2	4	8	7	3
2	3	7	8	1	6	9	4	5
5	4	8	9	3	7	6	1	2
1	2	6	4	9	5	3	8	7
7	5	9	3	8	1	2	6	4
3	8	4	6	7	2	5	9	1

Solution 79

3	7	1	2	6	9	8	4	5
4	8	6	5	3	1	9	7	2
9	2	5	8	4	7	1	3	6
1	3	7	6	2	4	5	8	9
5	4	9	1	7	8	2	6	3
2	6	8	3	9	5	4	1	7
6	9	4	7	8	2	3	5	1
8	5	3	9	1	6	7	2	4
7	1	2	4	5	3	6	9	8

Solution 78

5	3	6	2	9	1	8	4	7
7	1	8	3	4	6	9	2	5
2	4	9	7	8	5	3	1	6
3	6	2	5	1	7	4	9	8
9	5	4	6	3	8	1	7	2
1	8	7	4	2	9	6	5	3
8	2	3	9	7	4	5	6	1
4	7	5	1	6	3	2	8	9
6	9	1	8	5	2	7	3	4

Solution 80

8	9	2	4	5	6	3	7	1
5	4	7	3	1	2	8	6	9
1	3	6	8	9	7	4	5	2
7	1	8	5	2	9	6	3	4
3	2	4	6	7	8	9	1	5
6	5	9	1	3	4	2	8	7
9	7	3	2	6	5	1	4	8
2	8	1	7	4	3	5	9	6
4	6	5	9	8	1	7	2	3

Solution 81

9	1	6	7	2	8	3	4	5
5	7	3	6	4	1	8	2	9
4	8	2	5	9	3	1	7	6
6	9	5	8	1	2	7	3	4
3	2	7	9	6	4	5	8	1
1	4	8	3	7	5	9	6	2
7	5	4	2	8	9	6	1	3
8	3	1	4	5	6	2	9	7
2	6	9	1	3	7	4	5	8

Solution 83

5	4	7	9	8	1	6	2	3
6	3	8	5	4	2	9	7	1
9	2	1	3	6	7	8	4	5
4	5	3	1	2	8	7	9	6
8	9	2	6	7	5	1	3	4
1	7	6	4	9	3	5	8	2
3	6	4	8	1	9	2	5	7
2	8	5	7	3	6	4	1	9
7	1	9	2	5	4	3	6	8

Solution 82

9	2	3	1	7	4	6	8	5
8	1	5	9	3	6	4	7	2
6	7	4	2	8	5	9	3	1
4	5	2	7	1	8	3	6	9
3	8	6	4	5	9	2	1	7
7	9	1	6	2	3	5	4	8
2	4	7	5	6	1	8	9	3
5	3	9	8	4	7	1	2	6
1	6	8	3	9	2	7	5	4

Solution 84

2	7	4	8	3	9	1	5	6
6	1	9	5	2	4	7	8	3
5	3	8	6	1	7	2	9	4
8	4	5	2	6	3	9	1	7
7	2	1	9	4	8	3	6	5
9	6	3	1	7	5	8	4	2
1	9	6	7	5	2	4	3	8
4	5	2	3	8	1	6	7	9
3	8	7	4	9	6	5	2	1

Solution 85

2	7	6	1	9	5	3	4	8
3	9	8	6	7	4	5	1	2
4	5	1	3	8	2	7	9	6
6	1	5	4	3	9	2	8	7
8	2	4	7	6	1	9	5	3
9	3	7	5	2	8	4	6	1
1	4	2	8	5	7	6	3	9
7	8	3	9	4	6	1	2	5
5	6	9	2	1	3	8	7	4

Solution 87

9	4	7	6	3	2	1	5	8
2	6	1	8	5	9	3	4	7
8	5	3	1	7	4	6	2	9
7	9	8	4	6	5	2	3	1
3	2	5	7	1	8	9	6	4
4	1	6	2	9	3	7	8	5
5	7	2	3	4	1	8	9	6
1	8	4	9	2	6	5	7	3
6	3	9	5	8	7	4	1	2

Solution 86

5	8	3	9	6	4	2	1	7
1	9	6	7	5	2	4	3	8
7	4	2	8	3	1	9	5	6
8	2	1	5	7	9	6	4	3
4	6	7	2	8	3	5	9	1
3	5	9	1	4	6	8	7	2
9	1	4	6	2	7	3	8	5
6	3	5	4	1	8	7	2	9
2	7	8	3	9	5	1	6	4

Solution 88

2	8	7	5	3	9	4	1	6
1	3	6	4	8	2	9	7	5
9	4	5	6	1	7	3	2	8
8	1	3	7	2	5	6	9	4
6	5	9	1	4	8	7	3	2
4	7	2	9	6	3	5	8	1
5	6	8	3	7	1	2	4	9
3	9	1	2	5	4	8	6	7
7	2	4	8	9	6	1	5	3

Solution 89

1	4	3	9	5	2	7	6	8
8	2	6	1	7	4	3	9	5
9	5	7	8	6	3	1	2	4
5	1	9	4	8	7	6	3	2
3	6	2	5	1	9	8	4	7
7	8	4	3	2	6	5	1	9
6	7	8	2	4	1	9	5	3
2	3	1	7	9	5	4	8	6
4	9	5	6	3	8	2	7	1

Solution 91

7	8	1	4	3	2	5	6	9
9	3	5	6	7	8	1	2	4
2	4	6	5	9	1	7	3	8
1	9	3	8	5	6	2	4	7
8	7	4	2	1	3	9	5	6
5	6	2	9	4	7	8	1	3
4	2	8	7	6	5	3	9	1
6	1	7	3	2	9	4	8	5
3	5	9	1	8	4	6	7	2

Solution 90

3	5	7	4	2	1	9	8	6
8	4	6	9	7	3	1	2	5
2	1	9	5	8	6	7	3	4
6	3	8	7	4	2	5	1	9
1	7	5	6	9	8	2	4	3
4	9	2	3	1	5	6	7	8
5	2	1	8	3	9	4	6	7
9	8	4	1	6	7	3	5	2
7	6	3	2	5	4	8	9	1

Solution 92

7	3	2	4	1	5	6	8	9
5	9	8	6	3	2	7	4	1
1	6	4	7	8	9	5	2	3
8	7	1	2	9	3	4	5	6
4	2	9	5	6	7	1	3	8
6	5	3	1	4	8	9	7	2
2	4	6	8	5	1	3	9	7
9	1	7	3	2	4	8	6	5
3	8	5	9	7	6	2	1	4

Solution 93

4	7	8	6	5	1	3	9	2
1	2	3	4	9	7	6	5	8
6	5	9	3	8	2	4	7	1
3	8	5	9	1	6	7	2	4
2	1	7	8	4	5	9	3	6
9	6	4	2	7	3	1	8	5
5	4	6	7	2	9	8	1	3
8	9	1	5	3	4	2	6	7
7	3	2	1	6	8	5	4	9

Solution 95

3	6	9	1	4	7	8	5	2
1	7	2	5	8	6	4	9	3
5	4	8	2	3	9	7	1	6
7	8	6	9	5	2	3	4	1
2	1	4	6	7	3	5	8	9
9	5	3	8	1	4	2	6	7
6	2	7	4	9	5	1	3	8
4	9	1	3	2	8	6	7	5
8	3	5	7	6	1	9	2	4

Solution 94

6	3	5	8	9	7	4	2	1
9	1	8	2	4	5	3	7	6
2	4	7	1	6	3	9	5	8
4	2	1	9	7	6	8	3	5
5	9	3	4	2	8	1	6	7
8	7	6	5	3	1	2	9	4
1	6	2	7	8	9	5	4	3
7	8	9	3	5	4	6	1	2
3	5	4	6	1	2	7	8	9

Solution 96

6	2	3	7	9	4	5	8	1
5	4	8	3	1	6	9	2	7
7	1	9	5	2	8	3	4	6
9	3	4	6	8	7	2	1	5
1	7	5	2	3	9	8	6	4
2	8	6	4	5	1	7	3	9
3	9	1	8	6	5	4	7	2
8	5	7	1	4	2	6	9	3
4	6	2	9	7	3	1	5	8

Solution 97

5	2	4	9	8	1	6	7	3
8	3	9	5	7	6	1	4	2
1	7	6	2	3	4	9	5	8
2	9	3	7	6	8	4	1	5
4	5	1	3	9	2	8	6	7
6	8	7	1	4	5	3	2	9
3	1	2	4	5	9	7	8	6
9	6	5	8	1	7	2	3	4
7	4	8	6	2	3	5	9	1

Solution 99

5	6	9	4	7	8	2	1	3
2	1	8	3	6	9	4	5	7
7	3	4	5	1	2	6	9	8
8	9	1	2	5	7	3	4	6
4	7	2	9	3	6	1	8	5
6	5	3	8	4	1	9	7	2
3	2	7	1	9	5	8	6	4
9	4	5	6	8	3	7	2	1
1	8	6	7	2	4	5	3	9

Solution 98

8	2	5	3	7	9	4	1	6
6	1	9	8	2	4	3	5	7
4	3	7	6	5	1	2	9	8
5	6	3	7	1	2	8	4	9
1	9	8	4	3	6	5	7	2
2	7	4	5	9	8	6	3	1
3	5	1	2	6	7	9	8	4
9	4	6	1	8	3	7	2	5
7	8	2	9	4	5	1	6	3

Solution 100

3	7	4	2	9	6	8	1	5
2	1	8	5	3	4	6	7	9
5	6	9	7	1	8	4	3	2
1	9	3	8	6	2	7	5	4
7	5	6	3	4	1	9	2	8
8	4	2	9	7	5	1	6	3
6	2	5	4	8	7	3	9	1
9	8	1	6	2	3	5	4	7
4	3	7	1	5	9	2	8	6

Solution 101

5	6	9	4	7	8	2	3	1
3	4	2	1	5	6	7	9	8
8	1	7	9	3	2	6	5	4
6	8	5	2	9	3	4	1	7
7	9	4	5	6	1	8	2	3
2	3	1	8	4	7	9	6	5
9	2	8	7	1	5	3	4	6
4	5	3	6	8	9	1	7	2
1	7	6	3	2	4	5	8	9

Did you enjoy the book?

At Pencil Games we are working hard to make great books. When you leave a review of one of our books this helps us tremendously. If you have the time, please do us the favor and leave a review on Amazon. Thank you!

Join our Community

Go to Facebook and search for "Pencil Games" for news, updates and special offers!

www.ingramcontent.com/pod-product-compliance
Lightning Source LLC
Chambersburg PA
CBHW080917170526
45158CB00008B/2140